动植物百科全书

昆　虫

[英] 约翰·艾伦/著　　高歌　沉着/译

甘肃科学技术出版社

犀牛甲虫是世界上最强壮的甲虫之一，力量极其惊人。雄性甲虫头顶长着像犀牛一样的角，这是它们最显著的特征。

目 录
Contents

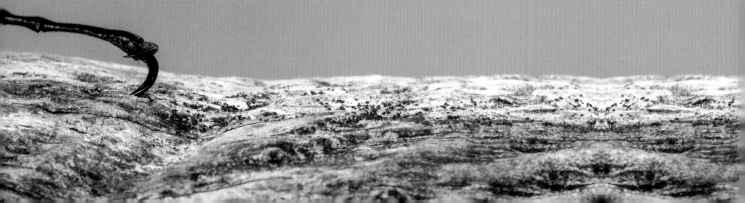

什么是昆虫?

包括蜜蜂、蝴蝶、蚂蚁和甲虫在内的许多动物都属于昆虫。所有昆虫都有 6 条腿，它们的身体由三部分组成：头部、胸部和腹部。

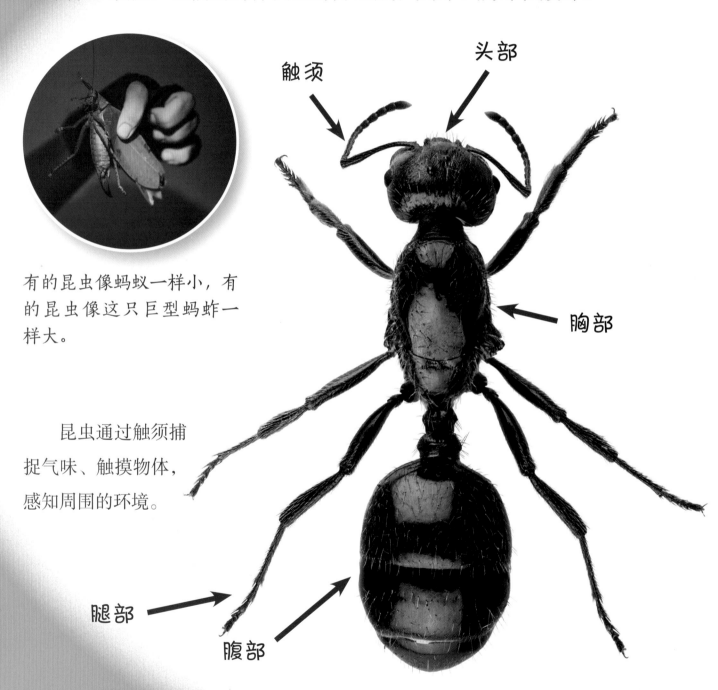

有的昆虫像蚂蚁一样小，有的昆虫像这只巨型蚂蚱一样大。

昆虫通过触须捕捉气味、触摸物体，感知周围的环境。

昆虫的头部有一对感觉器官，被称为触须。

这是一张蚂蚁的近距离图片。

有些昆虫有两对翅膀，有些昆虫只有一对翅膀，还有些昆虫没有翅膀。

蜻蜓有两对翅膀。

苍蝇有一对翅膀。

趣味小知识

昆虫是地球上种类最多的动物。全世界生活着大约 100 万种昆虫！

跳蚤没有翅膀。

昆虫长着一对复眼。它们的眼睛由无数微小的感光面构成。

昆虫的一生

有些昆虫只以植物为食，有些昆虫会捕食其他昆虫。胡蜂、蜜蜂和蝴蝶会被色彩鲜艳的花朵吸引，花蜜香甜可口，是它们最喜欢吸食的汁液。

蝴蝶的舌头就像一根吸管，用来吸食花蜜。

有些昆虫，如蚂蚁，通常生活在庞大的群落中。有些昆虫，如成年鹿角甲虫（如图），喜欢独居生活。成年雄性昆虫会寻找雌性进行交配。

许多昆虫以腐烂的枯枝为食，比如鹿角甲虫的幼虫。

萤火虫

趣味小知识

有些昆虫身体结构特殊，它们利用身体发出的亮光吸引配偶。

雌性飞蛾可以散发出独特的气味吸引雄性，交配后，雌蛾大量产卵，然后留下卵让它们自己孵化。

雌蛾产下的卵

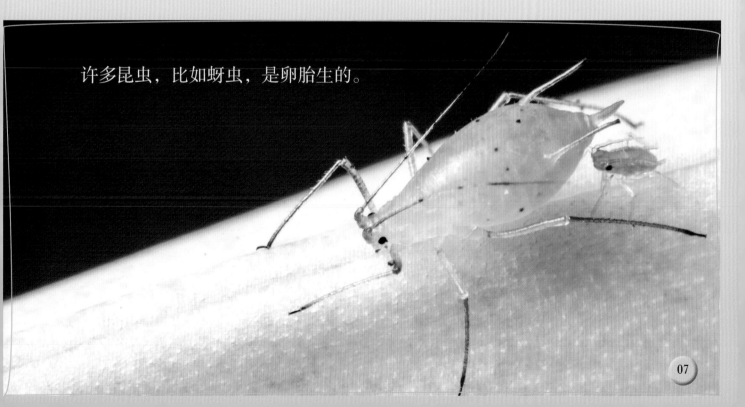

许多昆虫，比如蚜虫，是卵胎生的。

什么是蜘蛛？

蜘蛛不是昆虫，属于节肢动物，是蛛形纲动物。所有蜘蛛都有8条腿，它们的身体由两部分构成——胸部和腹部。蜘蛛是捕食者，它们通常捕猎其他动物作为食物。

捕鸟蛛是一种大型多毛蜘蛛。它们身上的绒毛可以探测食物和捕食者的方位。

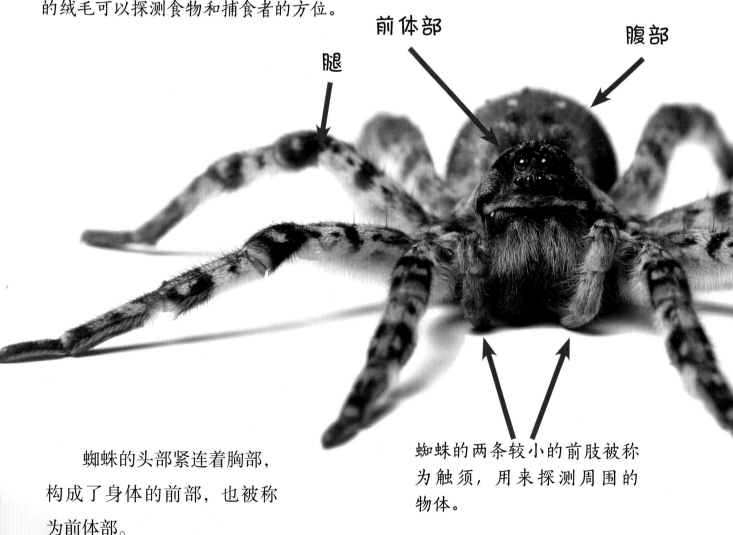

腿

前体部

腹部

蜘蛛的头部紧连着胸部，构成了身体的前部，也被称为前体部。

蜘蛛的两条较小的前肢被称为触须，用来探测周围的物体。

蜘蛛的腹部分布着消化器官、心脏、生殖器官和丝腺。

这只跳蛛用毒牙紧紧
咬住了一只苍蝇。

有些蜘蛛用蛛丝织网。
蜘蛛身上生产蛛丝的器官被
称为纺绩器。

蜘蛛的一生

世界上生活着约 4 万种蜘蛛。蜘蛛通常在蛛网附近活动。在植物间、篱笆上和建筑物内都可以发现蜘蛛的网。

细细的蛛丝非常坚韧!

有些蜘蛛会守候在蛛网中央,静静地等待猎物。

蜘蛛吐出蛛丝将猎物困住。

有些蜘蛛躲在蛛网附近,当昆虫被网困住时,蜘蛛就会感知到蛛网的震动。

趣味小知识

蛛丝在被蜘蛛吐出之前,一直是纺绩器内的黏稠液体。

里氏盘腹蛛（俗称截腹蛛）的洞穴隐藏在地下，洞穴顶部有一扇门。当门的附近有猎物活动时，里氏盘腹蛛会迅速跃出抓住猎物并将猎物拖入洞中。

成年蜘蛛独自生活。雄性和雌性只在交配时相聚。交配后，雌性蜘蛛大量产卵，并用蛛丝把卵掩盖起来。

大部分雌性蜘蛛会在产卵后离开。小蜘蛛一出生就要开始独立生活。

这只盗蛛正在搬运装在蛛丝卵囊中的卵。

昆虫与蜘蛛的栖息地

一座花园中可能生活着超过2000 种昆虫。

栖息地是指适宜动物生存和繁衍的地方。从炎热的沙漠到寒冷的山区，昆虫生活在各种各样的栖息地中。蜘蛛的栖息地同样遍布世界各地，除了一些气候极度寒冷的地区，比如南北极地区。

许多昆虫，比如蜻蜓，都喜欢生活在水塘、河流与湖泊附近。

趣味小知识

生活在热带雨林中的昆虫数量超过了世界上其他任何一处昆虫栖息地。

蜻蜓把卵产在池塘中。

自然界中生活着数量众多的昆虫和蜘蛛，原因之一是它们体形很小，不需要大片栖息地就可以生存。

一棵橡树上可以同时生活着成百上千种昆虫。

切叶蚁生活在南美洲的热带雨林中。

昆虫与蜘蛛的生命周期

生命周期是指动物或植物在其整个生命过程中经历的不同阶段和各种变化。下列示意图分别展示了昆虫与蜘蛛的生命周期。

1 雄性瓢虫遇到雌性瓢虫，进行交配。

2 雌性瓢虫大量产卵后，并不会照顾这些卵。

瓢虫的生命周期
大部分昆虫的生命周期都会经历这些阶段。

3 每颗卵孵化出一只幼虫。幼虫在成长过程中会吃掉大量蚜虫，并给身体造一个壳，把自己变成一只蛹。

4 幼虫在壳中慢慢长大，成年后，瓢虫从蛹壳中爬出。

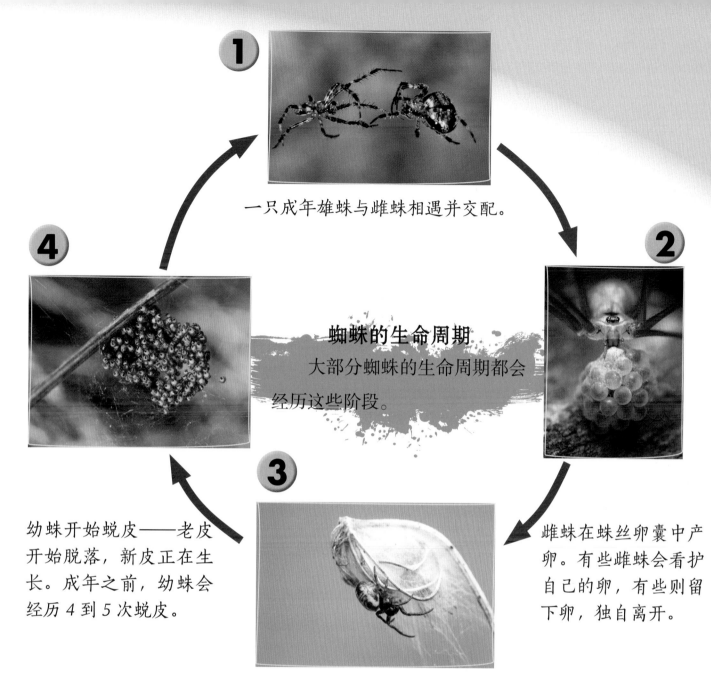

① 一只成年雄蛛与雌蛛相遇并交配。

蜘蛛的生命周期
大部分蜘蛛的生命周期都会经历这些阶段。

② 雌蛛在蛛丝卵囊中产卵。有些雌蛛会看护自己的卵，有些则留下卵，独自离开。

③ 幼蛛孵化出来。一些幼蛛开始织网。幼蛛的身体一天天长大，坚硬的外皮也越来越小。

④ 幼蛛开始蜕皮——老皮开始脱落，新皮正在生长。成年之前，幼蛛会经历4到5次蜕皮。

有时，雌蛛会把蛛网上的雄蛛当成猎物吃掉！

神奇的昆虫　蝗虫

蝗虫短短几分钟时间就能吃光一大片麦田！一群沙漠蝗虫一天内可以吃掉几万人的食物。

一群沙漠蝗虫的数量可以多达 500 亿只。

交配后，雌性蝗虫会将身体插进土壤，它一颗接一颗不停地产下约 100 颗卵。雌性蝗虫用来产卵的管子叫作产卵器。

趣味小知识

雌性蝗虫释放出的泡沫可以保护自己的卵。

产卵器

泡沫

卵

蝗虫的若虫

由卵孵化的蝗虫幼虫也被叫作若虫或蝗蛹。

若虫一天天长大，它们的皮肤越来越紧，直到被撑破并脱落，这一过程叫作蜕皮。此时新皮肤已经长了出来。

成年蝗虫

翅膀

在成年并长出翅膀前，小蝗虫要经历5次蜕皮。

祈祷螳螂

祈祷螳螂喜欢生活在气候温暖、植物茂盛的地方。它们视觉敏锐，带刺的前腿可以牢牢将猎物抓住。

螳螂的头是三角形的。

趣味小知识

雌螳螂的体形比雄螳螂大，交配完成后，雄螳螂必须迅速离开以免成为雌螳螂的美餐！

大眼

前腿

它们之所以被称为祈祷螳螂，是因为这种螳螂在休息时，前腿合拢就像在祈祷一样。

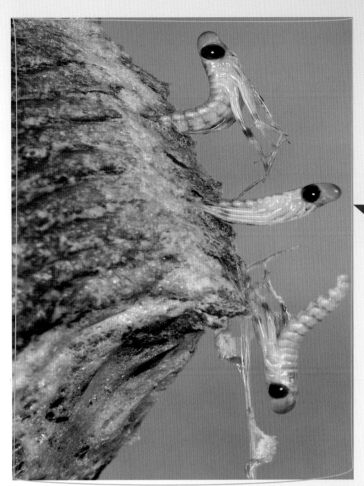

雌螳螂在交配后产卵。它用泡沫做成的壳慢慢变硬，以保护产下的卵。

若虫

卵孵化出的螳螂若虫，大小和蚂蚁一样。

雌螳螂将卵鞘产在树枝、树皮或石头上。

若虫以小型昆虫为食，如果蝇。随着身体不断长大，它们开始捕食稍大些的猎物。

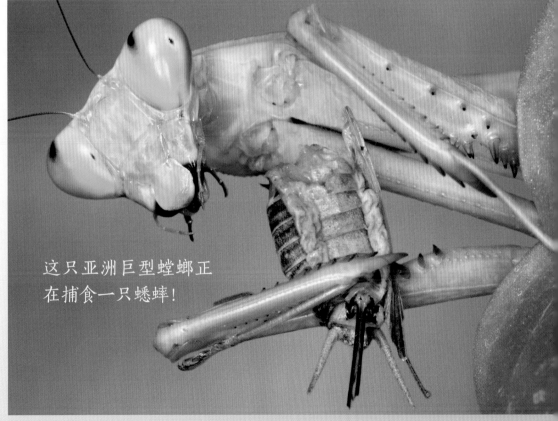

这只亚洲巨型螳螂正在捕食一只蟋蟀！

犀牛甲虫

神奇的昆虫

犀牛甲虫多生活在热带地区，因为它们的头上长着犀牛一样的角，所以被称为犀牛甲虫！

只有雄性犀牛甲虫的头上才有角。

趣味小知识

成年犀牛甲虫主要以花蜜、烂果和草木汁液为食。

雌性犀牛甲虫交配后产卵。卵孵化成幼虫。犀牛甲虫的幼虫以枯枝烂叶为食。

幼虫在蛹壳中成长直到成年。这一过程大约需要 4~6 周的时间。

为了争夺领地，雄性犀牛甲虫时常用角进行搏斗。优质的领地和充足的食物可以帮雄性甲虫吸引配偶。

鸟翼凤蝶

从潮湿的热带雨林到热闹的城市园林，到处都有蝴蝶的栖息地。自然界生活着大约14000种蝴蝶。亚历山大鸟翼凤蝶是目前世界上最大的蝴蝶。

这种蝴蝶的翼展甚至超过了许多鸟类！

所有蝴蝶都有着同样的生命周期。

雄蝶遇到雌蝶并进行交配。雌蝶大量产卵。从卵中孵化的蝴蝶幼虫整天吃个不停。

蝴蝶幼虫在自己身体上做壳，最后变成一只蛹。

雌性　　　　　　　　　雄性

雌性亚历山大鸟翼凤蝶的体形比雄性大，
它们的外观也有所不同。

蝴蝶幼虫越长越大，身上的皮
肤越来越紧，于是它们蜕去老皮，
露出下面的新皮。在变成蝴蝶前，
蝴蝶幼虫要经历多次蜕皮。

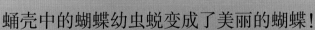

蛹壳中的蝴蝶幼虫蜕变成了美丽的蝴蝶！

蜘蛛蜂

世界上大部分地区都生活着蜘蛛蜂。雌蜂紧贴地面飞行或奔跑，并不时用触须敲击地面，捕食蜘蛛。

如果被蜘蛛蜂蛰到，你会感到疼痛难忍。

翅膀 →

触须

当雌蜂抓住蜘蛛后，蜘蛛奋力挣扎，雌蜂会向蜘蛛体内注入毒液，将它麻痹。蜘蛛慢慢失去了知觉，但依然活着。

狼蛛

然后，雌蜂将蜘蛛拖入自己挖好的　　　　　　　　　　　失去知觉的蜘
地下洞穴中。　　　　　　　　　　　　　　　　　　蛛无法逃脱。

雌蜂在蜘蛛身
上产下一颗卵，然
后封住洞口。卵孵
化后，蜘蛛蜂幼虫
会把蜘蛛吃掉。

洞穴

蜘蛛蜂幼虫吐丝作茧把自己包在里面。幼虫在茧中成长直到成年。
成年后，蜘蛛蜂爬出地面，离开洞穴。

跳蛛

在森林、林地、花园以及世界许多其他栖息地中都能发现跳蛛的身影。自然界中生活着大约3000种跳蛛。

大多数跳蛛的身体都是毛茸茸的。

图中的这只跳蛛正扑向一只食蚜蝇。为了防止落地时发生意外，跳珠拉出一根蛛丝来保护自己的安全。

跳蛛通过跳跃捕捉猎物、躲避捕食者。

雌蛛交配后大量产卵。它将产下的卵包裹在蛛丝做成的卵囊中。

雌蛛守护着自己的卵直到幼蛛孵化出来。

跳蛛有 8 只眼睛，包括两只像汽车前灯一样的大眼睛。这两只大眼睛可以帮助它们发现猎物并判断跳跃距离。

这只跳蛛正准备吃掉一只蟋蟀。

水蜘蛛

水蜘蛛主要栖息在池塘里或水流缓慢的河流中。它们生活在蛛丝和植物材料等做成的钟罩形巢内，巢内充满空气，外形像是一个水泡。

大型水蜘蛛以小鱼和蝌蚪为食。

水蜘蛛守在钟罩形巢内，当猎物经过时，它们快速出击，抓住猎物，拖入巢内吃掉。

水蜘蛛的前腿会在水中摇摆。为了呼吸，它们的头部始终留在巢里。

雄蛛与雌蛛在雌蛛的钟罩形
巢内进行交配。

趣味小知识

冬天到了，水蜘蛛忙着加固自己的
巢，它们待在深水中等待春天的
到来。

雌性

雄性

卵孵化后，幼蛛待在卵
囊中等待蜕皮。蜕皮后，幼
蛛们纷纷离开，开始建造自
己的巢穴。

卵囊位于钟罩形巢的上部，雌蛛一次可
以在里面产下约 100 颗卵。

奇妙的大自然

大部分昆虫和蜘蛛不关心自己的卵和后代，但是有些父母则非常称职。这些动物妈妈给自己的孩子喂食，保护它们不被捕食者吃掉。

狼蛛妈妈背着小狼蛛。

蜜蜂和胡蜂之类的昆虫生活在庞大的族群中，它们一起建巢，并在里面养育后代。

雌性地蜈蚣在地下洞穴中照看着它的卵。它每天都会用舌头舔去卵上生长的真菌。

卵

地蜈蚣

雌性皇后胡蜂会在巢中产卵。巢中的每个空格里都放着一颗卵。幼虫将从卵中孵化。

长脚蜂

族群中的工蜂负责帮助守护蜂巢和喂养幼虫。

长脚蜂用咀嚼过的薄木屑筑巢。

图书在版编目（CIP）数据

我的第一套动植物百科全书. 3，昆虫／（英）约翰
·艾伦著；高歌，沉着译. -- 兰州：甘肃科学技术出
版社，2020.11
　　ISBN 978-7-5424-2652-9

　　Ⅰ. ①我… Ⅱ. ①约… ②高… ③沉… Ⅲ. ①昆虫－
儿童读物 Ⅳ. ① Q95-49 ② Q94-49

中国版本图书馆 CIP 数据核字（2020）第 229140 号

著作权合同登记号：26-2020-0103

我的第一套动植物百科全书（全6册）

300多幅高清彩图 **40**多种物种范例

让我们从这里走进神奇的动植物世界，

认识各种有趣的物种，探索它们的生命奥秘……